漫画万物由来　我们的食物

了不起的番茄

云狮动漫　编著

U0395074

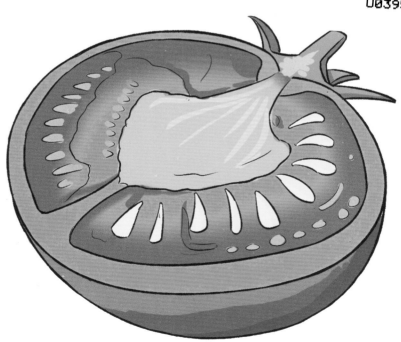

四川少年儿童出版社

图书在版编目（CIP）数据

了不起的番茄 / 云狮动漫编著. —— 成都 ：四川少
年儿童出版社，2020.6
（漫画万物由来. 我们的食物）
ISBN 978-7-5365-9785-3

Ⅰ．①了… Ⅱ．①云… Ⅲ．①番茄—儿童读物 Ⅳ.
①S641.2-49

中国版本图书馆CIP数据核字(2020)第087818号

出 版 人：常　青
项目统筹：高海潮
责任编辑：赖昕明
特约编辑：董丽丽
美术编辑：苏　涛
封面设计：章诗雅
绘　　画：张　扬
责任印制：王　春　袁学团

书　　名：LIAOBUQI DE FANQIE
　　　　　了不起的番茄
编　　著：云狮动漫
出　　版：四川少年儿童出版社
地　　址：成都市槐树街2号
网　　址：http://www.sccph.com.cn
网　　店：http://scsnetcbs.tmall.com
经　　销：新华书店
印　　刷：成都思潍彩色印务有限责任公司
成品尺寸：285mm×210mm
开　　本：16
印　　张：3
字　　数：60千
版　　次：2020年8月第1版
印　　次：2020年8月第1次印刷
书　　号：ISBN 978-7-5365-9785-3
定　　价：28.00元

版权所有　翻印必究

若发现印装质量问题，请及时向市场营销部联系调换。
地　　址：成都市槐树街2号四川出版大厦六楼四川少年儿童出版社市场营销部
邮　　编：610031
咨询电话：028-86259237　　86259232

酸甜多汁的番茄

哇！红通通的番茄好可爱，相信你一见到它就已经垂涎欲滴了！咬上一大口，立马就会有红色的汁液流出来，软软、绵绵又酸酸甜甜的番茄，好好吃！

你知道吗？番茄又叫西红柿，既可以直接吃，又可以做成美味的菜肴。我们经常吃的番茄炒鸡蛋、番茄酱就都是用番茄做成的美味菜肴！番茄又被称为"神奇的菜中之果"。

葡萄　　　　　　　　柿子　　　　　　　　蓝莓

那么，你知道番茄是怎么种出来的吗？番茄是由番茄秧苗结出的果实。现在，就让我们来认识一下番茄吧！

番茄秧苗的结构

种子

果实

花

叶

茎

根

什么是浆果？

小贴士 什么是浆果？

你知道吗？番茄的果实属于浆果。浆果是一种肉质果，通常分为外果皮、中果皮和内果皮。其中，中果皮和内果皮肉质多汁，里面包含一粒或多粒种子。我们所熟悉的葡萄、柿子、蓝莓等水果，土豆、茄子、青椒等蔬菜都属于浆果。

土豆

青椒

茄子

哇！番茄的历史好有趣

　　今天，番茄已经是世界各地的餐桌上必不可少的美味食材，有的国家甚至还定期举办一场"番茄大战"，以表达他们对番茄的喜爱之情。你知道吗？在几个世纪以前，番茄还是一种令人望而生畏的"有毒植物"。这到底是怎么回事？让我们一起来了解番茄的有趣历史吧！

生在南美洲的"狼桃"

　　番茄原本是一种野生茄科植物，最早生长在南美洲安第斯山区的丛林中。矮小的植物上挂满了红艳艳的果实，但这种番茄只有蓝莓那么大。由于它的枝叶上长满了茸毛，分泌出的汁液散发奇怪的味道，所以被人叫作"狼桃"。当时的印第安人认为它的果子是有毒的，没人敢食用。只有当地的女巫将果子采摘下来，宣称这种果子可以提高自己与神交流的能力。

英国

小贴士 **为什么番茄又叫"爱情果"？**

据说，英国一名公爵在南美游历时，发现了这种色彩诱人的"狼桃"，如获至宝，于是把它带回英国，作为象征爱情的礼物献给他的情人——英国女王伊丽莎白一世。所以，番茄就有了"爱情果"这个浪漫的名字。

用来欣赏的美丽植物

就这样，番茄在群山中默默生长，后来被墨西哥人驯化栽培，直到16世纪才传入欧洲。不过，当时的欧洲人并不认为番茄可以食用，只是觉得这种植物非常美丽，所以将它栽植在庭院内以供观赏。但无论怎样，番茄总算在异国他乡的土地上被大量种植了。

欧洲

令人恐惧的毒果

　　尽管番茄有着"爱情果"的浪漫象征，但依然没有人敢吃番茄，因为大家都觉得那鲜红欲滴的诱人果实一定是有毒的。原因之一，就是它同曼陀罗长得很像，而曼陀罗可是一种有毒的危险植物。当时的人们认为拔出曼陀罗草时，曼陀罗草会发出恐怖的尖叫，听到这种叫声的人甚至会死亡。出于对曼陀罗的恐惧，人们认为与它相似的番茄也是有毒的。

第一个吃番茄的人

　　那么，谁是第一个吃番茄的人呢？这个故事有很多版本，其中流传最广的便是法国的一位画家。18世纪，一位法国画家曾多次描摹番茄，番茄的美丽可爱一次又一次呈现于他的笔端，终于，他实在抵挡不住番茄的诱惑，决心冒生命危险亲口尝一尝它是什么味道。画家惴惴不安地咬了一口，觉得这美丽的浆果甜中有酸，美味极了。

　　但画家无法无视人们的警告。于是，他穿好衣服躺到床上，等待死神的光临。一整天过去了，这颗像毒蘑菇一样鲜红的番茄并没给画家送来死神的召唤！于是，他立刻把"番茄无毒而且很好吃"的消息告诉了朋友们。不久，番茄无毒的新闻传遍了西方，并迅速传到世界各地。画家的一次大胆尝试，让人们了解了番茄是可以食用的食物。

番茄有毒吗？

番茄无毒可以吃

开始登上餐桌

被冤枉了 200 多年后，番茄才在 18 世纪后期真正走上欧洲餐桌。这一重要改变是由热爱美食的意大利厨师做出的。

意大利的自然条件非常适合种植番茄，地中海热烈的阳光、适宜的湿度为番茄提供了优异的生长环境。番茄清甜的口感也受到了人们的喜爱，厨师们将番茄制成的酱加入意大利面，并加工出了番茄沙拉、焗烤番茄等各种番茄美食。当时，意大利那不勒斯地区沿岸的贫民常常吃一种像扁面包似的大饼，饼上面覆盖着各种配料。偶然间，人们将番茄和奶酪加入其中，发现竟意外地美味，这就是现代比萨的起源。1830 年，那不勒斯开设了世界上第一家比萨店。随后，比萨成为意大利人非常喜爱的食物，并逐渐传播到世界各地。

烤番茄

比萨

番茄沙拉

意大利

被法律认定为蔬菜

虽然番茄已经在欧洲的餐桌上大放异彩，但关于它是水果还是蔬菜，人们一直莫衷一是。

1895年，英国商人将一批番茄从西印度群岛运往美国的纽约港，引发了"番茄是水果还是蔬菜"的严肃争论。按美国当时的法律，进口水果是免交进口税的，而进口蔬菜则必须缴纳关税。纽约港的关税官认定番茄是蔬菜，理由是番茄必须经过烹制才能成为人们餐桌上的佳肴。英国商人则认为番茄应属水果，一是因为它有丰富的果汁，这是一般蔬菜所不具备的；二是因为它可以生吃，无论形状还是色泽都理应属于水果。双方为此争论不休，最后只好请美国最高法院审理判决。

经过审理，法院认为"番茄就像黄瓜、大豆和豌豆一样同属于蔬菜"。从此，番茄成为"法定的蔬菜"。

番茄浓汤

腌番茄

番茄羊肉

风靡世界的番茄酱

　　19 世纪中期，番茄的酸甜可口已令人们为之沉迷，而番茄酱横空出世，更是引爆了人们对番茄的热情，番茄及番茄制品迅速占据了欧美人民的厨房。美国人尤其热爱番茄酱，仅 19 世纪，美国就出版了数百本番茄酱食谱。阳光充足、适宜种植番茄的加州地区吸引了无数番茄酱制造商来此安家落户。

小贴士　不含防腐剂的番茄酱

　　番茄酱诞生后，曾因使用添加剂而受到产品安全方面的质疑。企业家们开始探索更安全的制作番茄酱的方法。最后，他们尝试使用完全成熟的番茄为原料，推出了口味更丰富且不含防腐剂的番茄酱，番茄酱进而迅速风靡世界各地。

涌现各地的花样番茄

番茄酱的热卖让更多人加入了种植番茄的行列。为了提高番茄的产量，改善口感，人们开始对番茄的品种进行改良。早期番茄的大小和现在的圣女果类似，但是口感和味道远不如圣女果。经过不断的杂交培育，酸甜适中的大番茄才出现于田间地头，并且成为重要的蔬菜之一。20世纪初，甚至还兴起了轰轰烈烈的番茄育种浪潮。20世纪90年代，形态各异、色彩丰富的番茄开始走进人们的生活。

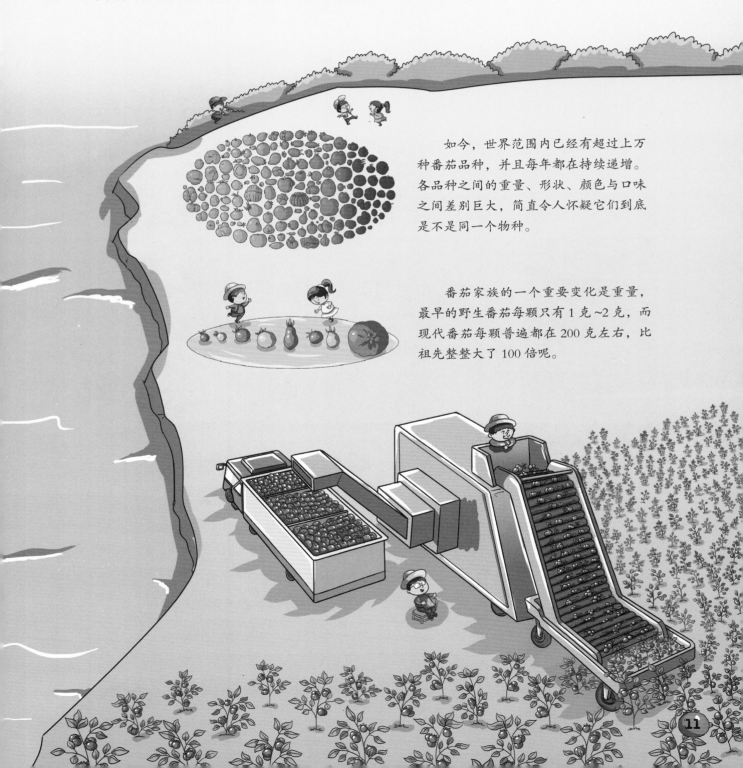

如今，世界范围内已经有超过上万种番茄品种，并且每年都在持续递增。各品种之间的重量、形状、颜色与口味之间差别巨大，简直令人怀疑它们到底是不是同一个物种。

番茄家族的一个重要变化是重量，最早的野生番茄每颗只有1克~2克，而现代番茄每颗普遍都在200克左右，比祖先整整大了100倍呢。

明朝传入的外来植物

你知道吗？虽然番茄早就成了美洲和欧洲的常见食物，但当时的中国人对番茄还一无所知。直到明朝时，来自欧洲的传教士才把番茄带到中国。我国第一部记录了番茄的文献是明朝人赵崡编写的《植品》（1617年）。赵崡在书中提到，番茄是西方传教士在万历年间带到中国的，叶子和枝蔓都有难闻的气味，结出的果实像柿子，但不能食用。

种植在花园里

　　和欧洲一样，番茄在刚传入中国时同样被当成一种观赏植物。番茄的鲜艳颜色，使得它可以与花园中的群芳争艳，深受文人雅士的喜爱。1643 年，明代作家秦元方曾将番茄作为和胡蝶菊类似的异种花草记载于《熹庙拾遗杂咏》一书中。直至清朝光绪年间，各类文献对番茄的评价仍旧是"可玩不可食"。

明代作家秦元方

在中国多数地区，番茄又被称为"西红柿"。这是因为人们认为番茄和柿子长得很像。

赶时髦的西餐"洋菜"

　　番茄在我国传播速度非常慢，更多地作为一种庭院观赏植物，还曾入药。直到清末，国人才受来华的欧美人士影响，敢于尝试食用番茄。随着越来越多的欧美人士来到中国，西餐馆相继出现，而西餐的重要食材——番茄，也渐渐成为一种常见蔬菜流传开来。

　　20世纪初，在北京、青岛、上海、广州等大城市，已有农民开始种植番茄，将其作为蔬菜出售给西餐馆。不过，因为产量有限，当时的番茄称得上名副其实的"奢侈品"，西餐馆的番茄美食更是价格昂贵。那时，吃番茄甚至成了一种身份的象征。

番茄炒蛋成为国民经典菜

番茄的"地位"让一些商人看到了新商机，但易于种植的番茄如何登上国人的餐桌，怎么烹饪番茄才能更符合中国人的胃口呢？苦苦思索下，番茄炒蛋终于应运而生。红色和黄色交相辉映，酸酸甜甜的滋味在舌尖上流淌，可口又下饭，价廉又营养，这道菜一诞生即风靡大江南北，并从此成为中国餐桌上的经典菜肴。到了 20 世纪 50 年代，国内各个地区都开始大面积种植番茄，番茄也因此成了人们日常购买的蔬菜之一，走入寻常百姓家。

1935 年，一篇名为《番茄之营养价值及其主要加工与烹调法》的文章详细介绍了番茄炒蛋的做法，这可能是对番茄炒蛋这道菜的最早记载。

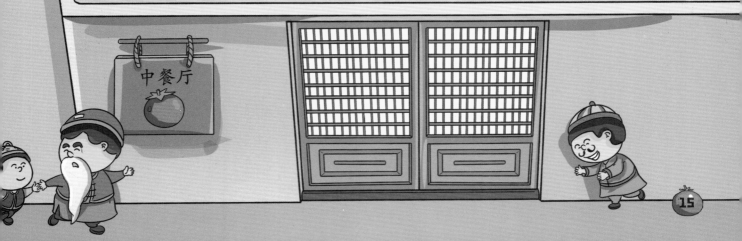

中餐厅

自制番茄酱

　　由于冰箱在我国普及得较晚，各家各户的水果蔬菜存储一直是一个难题。特别是番茄，更是不易久存，如果刚摘下来没有及时吃掉，过不了几天就会腐烂变质。20 世纪 70 年代时，为了更好地储存番茄，甚至在冬天也能够吃到番茄，人们想了一个好办法，那就是把番茄洗干净后切成块，制成番茄酱。这种番茄酱和早已风靡西方的番茄酱完全不同，它不仅工艺简单，而且家家可以自行制作。做好的番茄酱可以保存很长时间，在冬天缺少新鲜蔬菜的季节还可以拿来做汤、炒菜。于是，这种方法很快便在北方地区流传开来。现如今，人们可以随时吃到新鲜的番茄，这段经历也就成了一代人的美好回忆。

2. 清洗瓶子。
　　准备一些玻璃瓶，并配好瓶塞。先把瓶子清洗干净，然后放入沸水中高温消毒，煮 10 分钟后取出备用。

1. 采摘成熟的番茄。

小贴士 如何让罐装番茄酱保存得时间更久一些？

自制番茄酱没有放入添加剂，很容易变质发霉。所以，不妨在番茄酱上撒一点盐或倒一点油，从而起到阻隔空气中的细菌的作用。

3. 番茄去皮。
将番茄洗干净，放在蒸笼里蒸几分钟后取出，剥掉番茄的果皮和蒂。

4. 切块。
用刀将番茄切成小块。

5. 装入瓶中。
装瓶时，先确认瓶子里是否干爽，用漏斗把切好的番茄块装入瓶子里，注意不要装得太满。

6. 密封瓶塞。
最后，把瓶塞拧紧密封。美味的番茄酱就做好了！

中国成为番茄生产大国

20 世纪 90 年代，随着温室蔬菜栽培技术的引进和番茄品种的不断改良，番茄种植业得以迅速发展。人们不但可以一年四季随时吃到新鲜的番茄，而且番茄的种类和番茄加工食品也日益丰富。我国更是成为番茄生产大国，各种番茄制品源源不断地出口到美国、俄罗斯、欧洲、东南亚等众多国家和地区。

时至今日，番茄早已融入了中式菜系，除了番茄炒蛋，番茄牛腩、凉拌西红柿、西红柿打卤面等等，也成了餐桌上的常见美食。由于番茄蕴含丰富的营养成分，所以也备受追求健康饮食的现代人的推崇和喜爱。

新疆是亚洲最大的番茄种植和加工基地。番茄丰收了，人们正在忙着采摘！看，他们多开心！

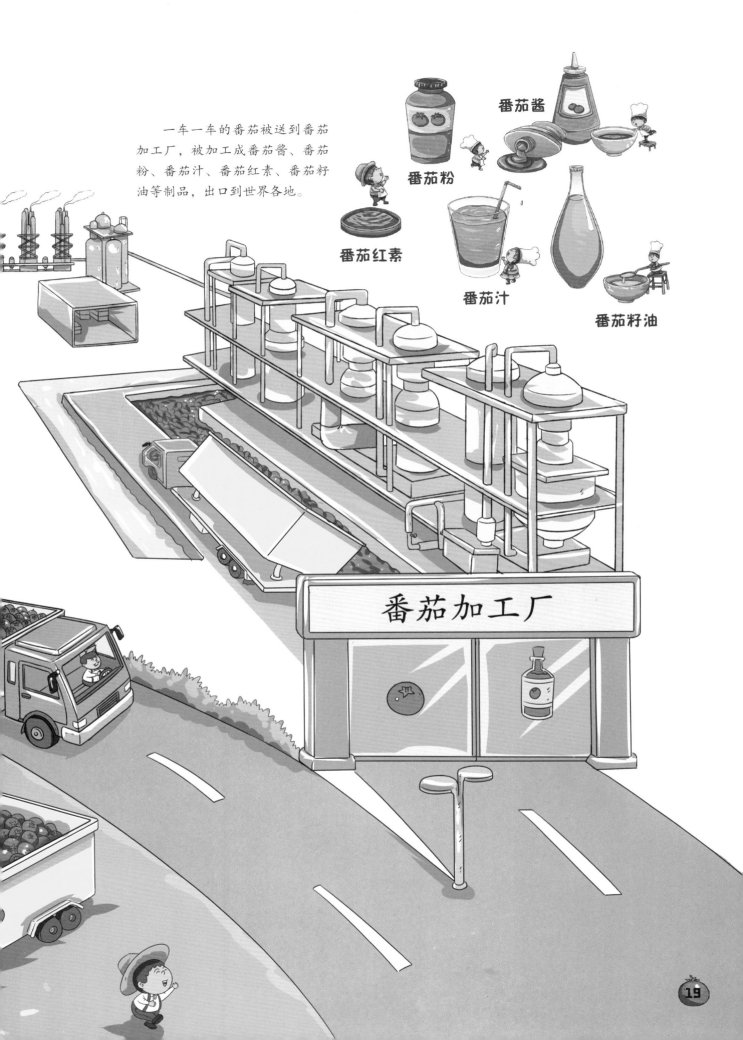

一车一车的番茄被送到番茄加工厂，被加工成番茄酱、番茄粉、番茄汁、番茄红素、番茄籽油等制品，出口到世界各地。

番茄酱

番茄粉

番茄红素

番茄汁

番茄籽油

番茄加工厂

种子萌芽啦！

番茄是个很随和的小家伙，最喜爱温暖通风、日照充足的气候，4 月到 7 月是它的最佳生长季；番茄对土壤不太挑剔，因为它的根部非常发达，能够探入土壤深处去吸收自己需要的营养物质。

种植番茄，首先需要获取种子。你可以从番茄的果实中选取适宜种植的种子，也可以购买番茄种子。不同品种的番茄，味道也不一样呢。

番茄种子

4 月 1 日

大家好，我是一粒番茄种子，今天是我被栽种到土壤里的第一天，这将是我新生命的开始！

5月1日

今天，我终于和小伙伴一起被移栽到了田里。这里的生活新鲜又有趣！

4月25日

现在，我已经是一株健壮的幼苗了。再过几天，我就要离开温暖的温室，去外面的世界经历风雨。好期待啊！

4月2至9日

最初，我总是呼呼大睡。口渴时，就张开小嘴用力地吮吸着土壤里的水分。很快，我喝饱了，身体开始渐渐膨胀、膨胀、膨胀……直到有一天，我的身体冒出细细的小芽和白色的根。可是，地下黑乎乎的，太无聊了，我多么想看看外面的世界啊！

第9天，我悄悄地从土里探出头来，感受温暖的阳光和新鲜的空气。"你好！"我摇晃着嫩绿的叶子，开心地和每个人打招呼！

21

要长得更高

在接下来的日子里，被移栽到田里的番茄幼苗会很快地长高。当主茎长到 30 厘米～60 厘米高时，会因无法承担自身重量而倒在地上。番茄生性怕湿，为了不让果实碰到潮湿的地面而烂掉，人们大多会用小竹竿搭建支架帮助秧苗直立，这样，番茄果实才能在通风又不潮湿的环境里长得又大又好。

5 月 15 日

我在田里快乐地生长着，一天比一天高，现在已经长到 20 厘米了。小伙伴们互相比赛看谁长得更高，我当然不能认输了！为此，我努力地吸收着阳光和营养，还在竹竿哥哥的帮助下尽力拉伸身体。看！我又长高了一点儿哦！

给番茄搭架有很多种方式，图中展示的是最简单的直立插杆。就是在距番茄根部约 15cm 处，把竹竿插入土中，然后用绳子把番茄苗的主茎跟竹竿绑在一起。

需要注意的是，绑主茎的绳结不能系得太紧，因为主茎还会随番茄的生长而变粗，最好使用 8 字形的绳结来进行捆绑。

此页展示的是人字形花格搭架，这种搭架方法既可以让架子更加稳固，又利于番茄的透气和生长。

番茄的茎和叶片上长有绒毛和油腺。番茄的茎叶散发出的特有味道，具有驱虫的功效。

从开花到结果

　　很快，番茄苗上就开出一个又一个黄色的花蕾，在绿叶的衬托下，花朵羞答答的，散发出淡淡的香味。花蕾凋谢后，就会结出青色的果实。刚结出的果子小小的，随后会迅速成长，变得越来越大。大约 1 个月的时间，就长成了沉甸甸的大番茄，然后开始由绿色变为红色。你知道吗？从开花、结果，再到果实成熟，大概需要 50 天左右的时间。

从开花到果实成熟的过程

1. 花儿凋谢。

2. 青青的果实慢慢鼓起来。

3. 绿色的番茄越长越大。

4. 番茄变红了！

番茄在自然环境中通过风、昆虫的帮助完成授粉过程，无需进行人工授粉。

你知道吗？番茄没熟的时候，它的表皮细胞里含有很多叶绿素。随着它一天天长大，叶绿素会被渐渐破坏分解，同时产生一种番茄红素。而番茄之所以是红色的，就是因为番茄红素这种天然色素在发挥作用。番茄红素的产生，会受到阳光和温度的影响。所以，完全在阳光照射下的番茄，要比只受到一面阳光照射的番茄红得快，温度过低或过高都会影响番茄的变色。

收获啦!

终于到了收获的季节,一个个红润鲜美的番茄格外惹人怜爱,令人垂涎。人们三五成群地走进番茄园,快乐地采摘,分享收获的喜悦。

7 月 20 日

今天,农民伯伯开始采摘了,这可是我作为番茄的毕业礼哦!虽然有点舍不得离开番茄园,但想到即将开始的美食之旅,我又迫不及待地想要和你们相遇啦!

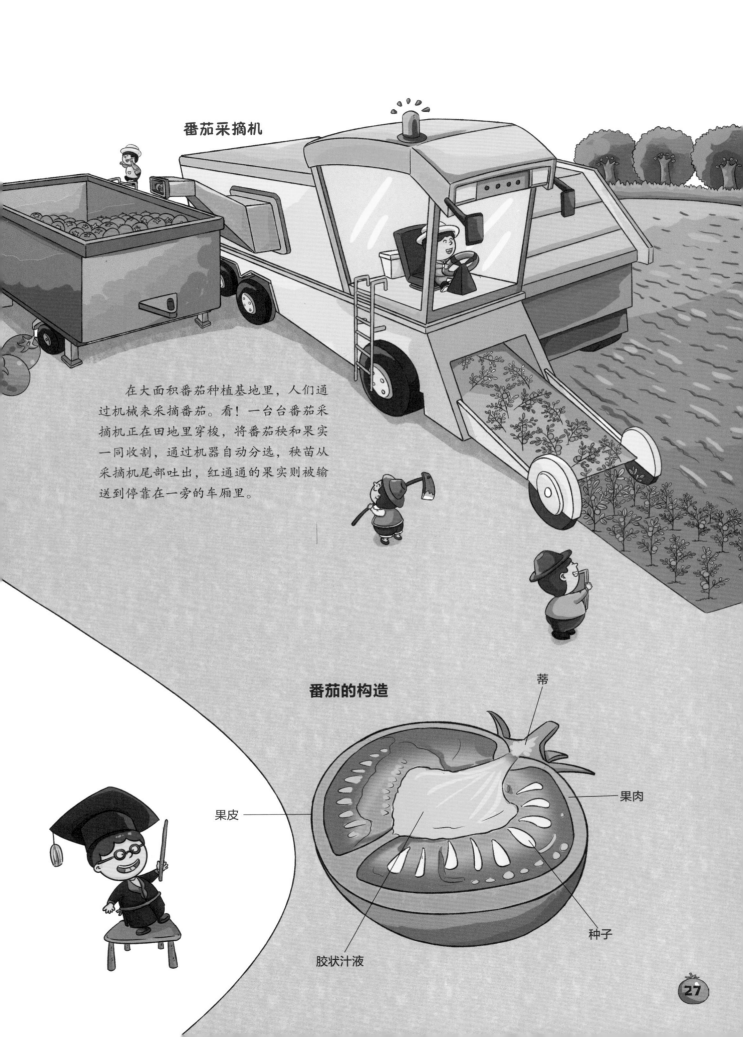

番茄采摘机

在大面积番茄种植基地里，人们通过机械来采摘番茄。看！一台台番茄采摘机正在田地里穿梭，将番茄秧和果实一同收割，通过机器自动分选，秧苗从采摘机尾部吐出，红通通的果实则被输送到停靠在一旁的车厢里。

番茄的构造

蒂

果肉

果皮

种子

胶状汁液

看！这个由玻璃制成的房子，就是温室番茄种植园！在这里，一株株番茄秧苗享受着阳光、营养液的滋润。这种温室大多采用无土栽培技术，番茄秧苗可以在充足的营养补给下自由生长，也不怕遭遇风吹雨打啦！在温室生长的番茄可以一年四季结果，结出的果实还特别饱满红润。温室里究竟有什么秘密呢？让我们一起去看看吧！

温室屋顶的天窗可以帮助温室通风、降温。

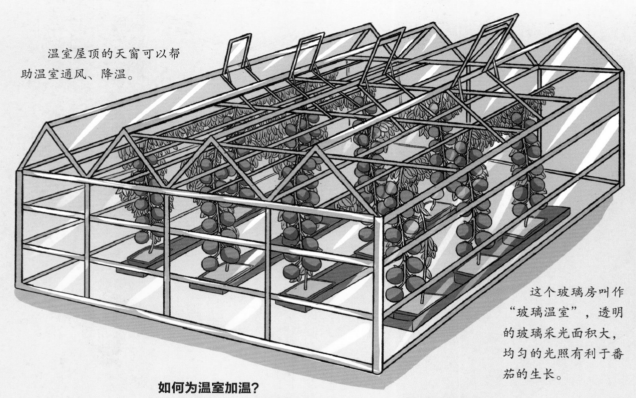

这个玻璃房叫作"玻璃温室"，透明的玻璃采光面积大，均匀的光照有利于番茄的生长。

如何为温室加温？

玻璃温室有许多加温方法，先为大家介绍热水加温，温室内安装有一套锅炉系统，它以天然气为燃料，将加热的水通过热水管道输送至散热器，为番茄生长提供适宜的温度和热量。神奇的是，这套设备还能将剩余的热量转化为电能，一点儿也不浪费。

智能系统

为了保证温室的各项条件适宜番茄一年四季正常生长，温室配置了计算机控制系统、水肥一体化系统、二氧化碳回收利用系统，自动雾化降温等智能系统。这样，温室内的温度、湿度和养料等影响番茄成长的因素全都由电脑统一控制，番茄便可以在温暖舒适的环境里健康成长。

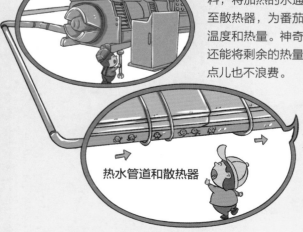

热水管道和散热器

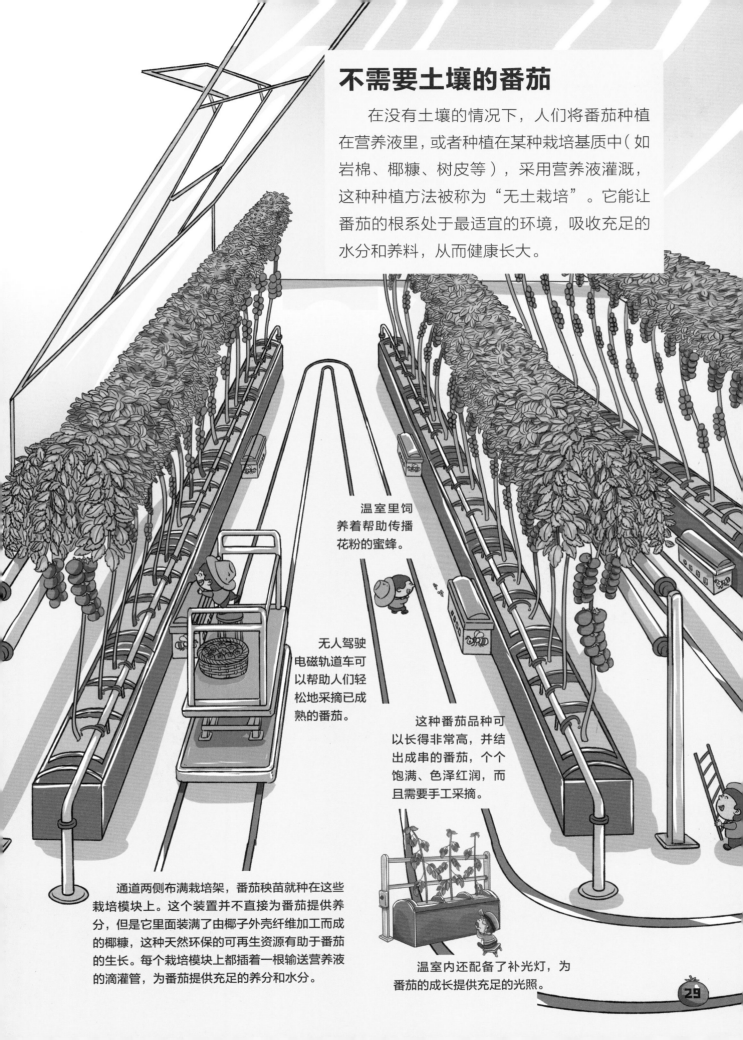

不需要土壤的番茄

在没有土壤的情况下，人们将番茄种植在营养液里，或者种植在某种栽培基质中（如岩棉、椰糠、树皮等），采用营养液灌溉，这种种植方法被称为"无土栽培"。它能让番茄的根系处于最适宜的环境，吸收充足的水分和养料，从而健康长大。

温室里饲养着帮助传播花粉的蜜蜂。

无人驾驶电磁轨道车可以帮助人们轻松地采摘已成熟的番茄。

这种番茄品种可以长得非常高，并结出成串的番茄，个个饱满、色泽红润，而且需要手工采摘。

通道两侧布满栽培架，番茄秧苗就种在这些栽培模块上。这个装置并不直接为番茄提供养分，但是它里面装满了由椰子外壳纤维加工而成的椰糠，这种天然环保的可再生资源有助于番茄的生长。每个栽培模块上都插着一根输送营养液的滴灌管，为番茄提供充足的养分和水分。

温室内还配备了补光灯，为番茄的成长提供充足的光照。

好玩的番茄家族

番茄是世界各地广泛种植的一种蔬菜，每一个种植番茄的国家或地区都会不断地培育新的番茄品种，这使得番茄家族的成员越来越多。世界上到底有多少种番茄？就连最了解番茄的人也无法给出一个确切的答案。很多番茄品种有着独特的颜色和外形，现在就让我们来认识一下它们吧。

紫色番茄

这种番茄的表皮呈现紫葡萄般的颜色，是从德国、美国等欧美国家引进的番茄品种。它营养价值高，酸甜适度，特别适合鲜食。其番茄红素和维生素 C 及抗氧化剂的含量明显高于普通番茄，并且容易被人体吸收。

黑色番茄

黑色番茄原产于南美洲，因其果实为红黑色而得名。黑色番茄味道清爽鲜甜，有着浓郁的水果香味，营养价值高，特别适合生吃。

牛排番茄

牛排番茄是个头很大的番茄品种，看起来有点像南瓜，可重达半公斤。它的口感又嫩又多汁，适合用来做三明治或沙拉等生食的配菜。

小贴士 种番茄的王子

一位名叫路易－阿尔贝·德布罗意的法国人，他在 20 世纪 90 年代建立的番茄种植试验场中已育有近 700 种番茄。人们称呼他为"园丁王子"。这座番茄种植试验场也就是日后的法国国家番茄研究所。他还出版过一本介绍番茄品种的图册。

樱桃番茄家族

櫻桃番茄就是我们常说的圣女果，在国外又有"小金果""爱情之果"之称。它既是蔬菜也是水果，植株较小的櫻桃番茄还可以作为观赏植物。櫻桃番茄不仅色泽艳丽、玲珑可爱，而且味道可口、营养丰富，除了含有番茄的所有营养成分之外，其维生素含量大大高于普通番茄。联合国粮农组织把它列为优先推广的"四大水果"之一。

春桃番茄

这种番茄的原产地为台湾，它不仅名字好听，外形也很可爱，看起来就像红色的桃子，让人忍不住想咬上一口。而且它的果肉脆甜，既可以生吃，又可以做菜。

圣玛扎诺番茄

这是一种产自意大利的长条形番茄，顶部有尖尖的角。因来自意大利那不勒斯附近的小镇圣玛扎诺，而得名"圣玛扎诺番茄"。这种番茄多用来制作番茄酱和番茄罐头。

维苏威小番茄

这种名叫维苏威的小番茄也产自意大利。这种番茄的果实一颗颗紧密相连，就像一串葡萄。

梨形番茄

这种番茄形状比较奇特，果实像梨也像葫芦，是比较容易种植的一个小番茄品种。它色彩艳丽，酸甜可口，可以当作水果来吃。

世界各地的番茄美食

番茄不仅外形可爱，更富含多种营养。它在世界各国的餐桌上，都是不可或缺的食材。现在，就让我们去看看那些美味诱人的番茄美食吧！

是法国巴斯克地区一道经典的特色菜。用炒过的番茄和洋葱、绿甜椒、鸡蛋、蒜头和火腿一起煮制，让人食指大开。

这是希腊圣托里尼岛著名的美食。虽然看不到番茄标志性的红色，但千真万确是由番茄制成的！希腊奶酪、面粉、洋葱、茴香、罗勒等原料，让番茄拥有了独特的鲜美味道！

西餐的三大名菜之一，虽然海鲜和米饭才是主角，但番茄可是其中必不可少的一种配料。

法国

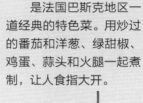

希腊

西班牙

番茄甜椒炒蛋

炸番茄球

西班牙海鲜饭

这道特色小吃是用番茄、莳萝、蒜瓣、辣椒、黑加仑、盐，在冷开水中腌制发酵而成。它酸味突出，香甜浓郁。

是俄罗斯和波兰等国常见的一种汤品，以番茄和甜菜为主料，口味酸甜。

俄罗斯

苏联泡西红柿

罗宋汤

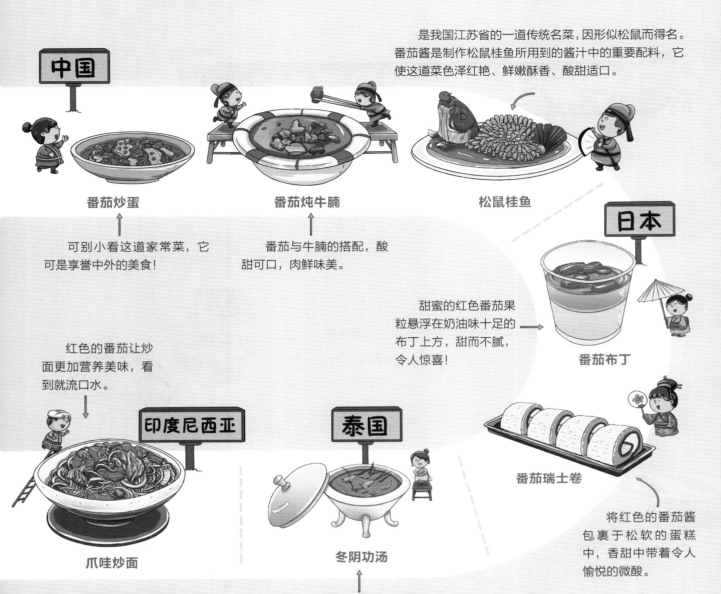

中国

是我国江苏省的一道传统名菜，因形似松鼠而得名。番茄酱是制作松鼠桂鱼所用到的酱汁中的重要配料，它使这道菜色泽红艳、鲜嫩酥香、酸甜适口。

番茄炒蛋

番茄炖牛腩

松鼠桂鱼

可别小看这道家常菜，它可是享誉中外的美食！

番茄与牛腩的搭配，酸甜可口，肉鲜味美。

日本

甜蜜的红色番茄果粒悬浮在奶油味十足的布丁上方，甜而不腻，令人惊喜！

番茄布丁

红色的番茄让炒面更加营养美味，看到就流口水。

印度尼西亚

泰国

番茄瑞士卷

将红色的番茄酱包裹于松软的蛋糕中，香甜中带着令人愉悦的微酸。

爪哇炒面

冬阴功汤

这道泰国标志性美食的原料包括虾、蘑菇、番茄、柠檬草、高良姜和柠檬叶等食物，通常还会加些椰奶和奶油。它融合了多种人们最爱的泰国风味：酸、咸、辣、甜，深受人们喜爱。

新鲜的马苏里拉芝士，配上新鲜的番茄和罗勒叶，撒上一些盐，淋上一勺高品质的橄榄油，令人回味无穷！

这道源自于意大利的美食非常受欢迎，最常见的就是红酱意大利面，而红酱就是以番茄为主料做成的。

意大利是比萨饼的故乡。看，红红的番茄点缀在饼坯上，是不是相当诱人？

意大利

番茄马苏里拉沙拉

意大利面

番茄比萨

学做健康美味的番茄美食

你知道吗，有的小孩子不爱吃蔬菜，就不能很好地从蔬菜获取成长所需的维生素，而番茄中不但含有丰富的维生素，多吃番茄还能预防感冒呢。如果你不喜欢生吃番茄，不妨和爸爸妈妈一起动手，把番茄做成美食和饮料，快来试试吧！

火山积雪

"火山积雪"是一道非常有名的家常菜——糖拌番茄。因为番茄是红得像火，白糖是白得像雪，所以就有了"火山积雪"这个诗意的名字。这道菜不仅好看又好吃，做法也很简单，赶快来试试吧！

原料
白糖
番茄 2 个

步骤

1. 将番茄去蒂、洗净，用刀子在上面划 2 刀。

2. 用开水烫一下，番茄的外皮会自然裂开。

4. 将去皮的番茄切成小块。

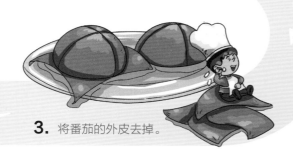

3. 将番茄的外皮去掉。

5. 把切好的番茄装入盘中，在上面撒上两三勺白糖就可以了。看，是不是很简单呢？快来邀请家人一起尝尝吧！

酸酸甜甜的番茄汁

在烈日炎炎的夏天，可以把番茄做成番茄汁，鲜艳的颜色再配上一个可爱的杯子，看起来十分诱人，而且酸酸甜甜，凉爽可口！

番茄 3 个、
蜂蜜 1 瓶。

1. 将番茄洗净，沥干表面水分，去蒂，切成块。

3. 将纱布四周提起来，用力将番茄的汁水挤到碗里。

2. 将干净纱布铺在一个大碗上，把切好的番茄块倒进去。

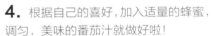

贴士：留在纱布中的果肉，还可以留着做菜。

4. 根据自己的喜好，加入适量的蜂蜜，调匀，美味的番茄汁就做好啦！

5. 装瓶放入冰箱冷藏一下，会更加凉爽可口！

番茄酱诞生记

探秘番茄酱加工厂

酸酸甜甜的番茄酱是很多人喜欢的调味料。人们会选购各种各样的番茄酱产品放在家里备用。你知道番茄加工厂是怎样把番茄制成番茄酱的吗？看，拉着番茄的卡车来啦！我们跟着它去探秘吧！

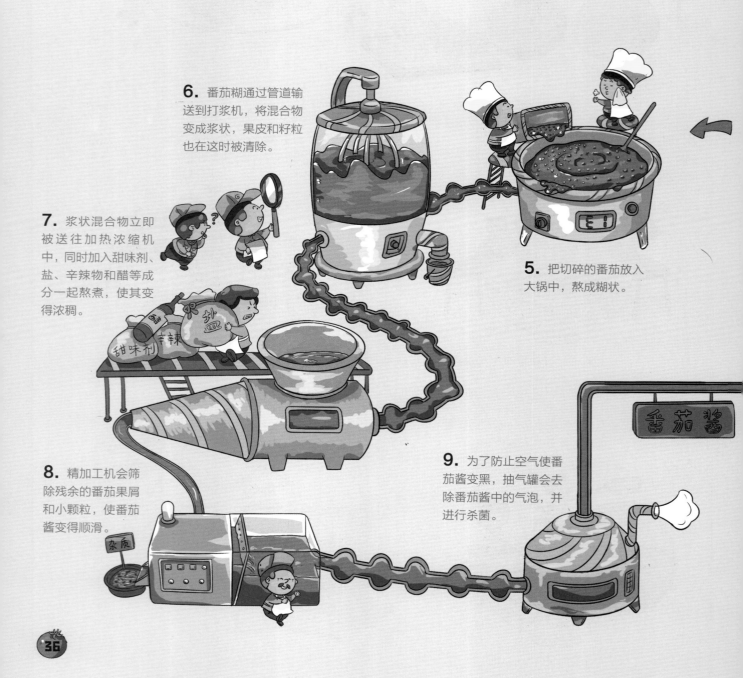

6. 番茄糊通过管道输送到打浆机，将混合物变成浆状，果皮和籽粒也在这时被清除。

7. 浆状混合物立即被送往加热浓缩机中，同时加入甜味剂、盐、辛辣物和醋等成分一起熬煮，使其变得浓稠。

5. 把切碎的番茄放入大锅中，熬成糊状。

8. 精加工机会筛除残余的番茄果屑和小颗粒，使番茄酱变得顺滑。

9. 为了防止空气使番茄酱变黑，抽气罐会去除番茄酱中的气泡，并进行杀菌。

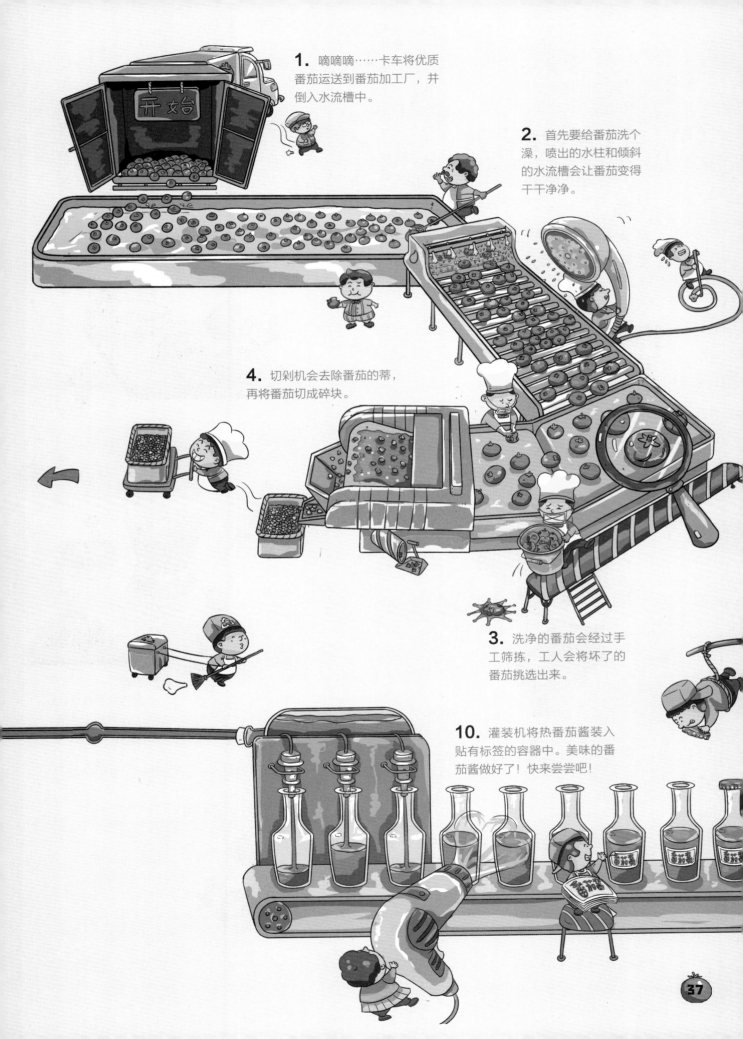

1. 嘀嘀嘀……卡车将优质番茄运送到番茄加工厂，并倒入水流槽中。

2. 首先要给番茄洗个澡，喷出的水柱和倾斜的水流槽会让番茄变得干干净净。

4. 切剁机会去除番茄的蒂，再将番茄切成碎块。

3. 洗净的番茄会经过手工筛拣，工人会将坏了的番茄挑选出来。

10. 灌装机将热番茄酱装入贴有标签的容器中。美味的番茄酱做好了！快来尝尝吧！

手工制作番茄酱

酸酸甜甜的番茄酱，好吃又有营养。你既可以把它抹在面包上，又可以用来拌面、炒饭，用处多多。很多人都会自制番茄酱，这样就可以添加自己喜欢的口味，让番茄酱变得更加美味！其实，番茄酱做起来并不难！现在就和爸爸妈妈一起动手，制作一款专属于你的番茄酱吧！

原料　番茄 4 个 、柠檬 1 个、冰糖 100 克

制作步骤

小贴士　小朋友使用刀的时候一定要小心哦，最好在大人的帮助下使用。

❶ 清洗
　将番茄清洗干净，去掉蒂。

❸ 切碎
　用刀把番茄切成小粒，或者用搅拌机将番茄打碎。

❷ 去皮
　准备一锅热水（60℃左右即可），将番茄的顶部用刀切成十字形后放入锅中，盖上盖儿，焖 2 分钟 ~5 分钟。然后，等番茄稍微凉一些，动手把番茄皮撕下来，此时果皮很容易就被撕掉了。

小贴士 你知道吗？糖和盐既可以调味，又是天然的防腐剂。放入白糖、冰糖、麦芽糖都可以！

5 收汁

当番茄熬至黏稠呈现"酱"的样子时，挤入适量柠檬汁，继续熬三四分钟。

4 熬煮

将打碎或切碎的番茄倒入锅中，加入冰糖，煮开后转小火熬。在煮的时候，还可以根据自己的喜好加入少量的盐、醋等调料，当然也可以不放。熬至比较黏稠时，要不时地用铲子搅一搅，以免汤汁变糊。

6 装瓶

将选好的储存罐用开水煮一煮，或者蒸几分钟，再晾干。在番茄酱还温热的时候就可以装瓶了。装好后，立刻用瓶盖密封。

7 冷藏

等番茄酱完全冷却后，就可以放冰箱冷藏了。美味的番茄酱做好了，快来尝尝吧！你也可以把瓶子包上漂亮的包装，作为礼物分享给自己的家人和朋友哦！

营养丰富的"灵丹妙药"

你知道吗？番茄如此受欢迎的原因不仅仅因为它好吃，更为重要的是它还含有许多对人体非常有用的物质，营养价值非常高。它富含的维生素等物质还具有帮助消化、抑制细菌、美容防癌等多种功效，像不像神奇的"灵丹妙药"呢！

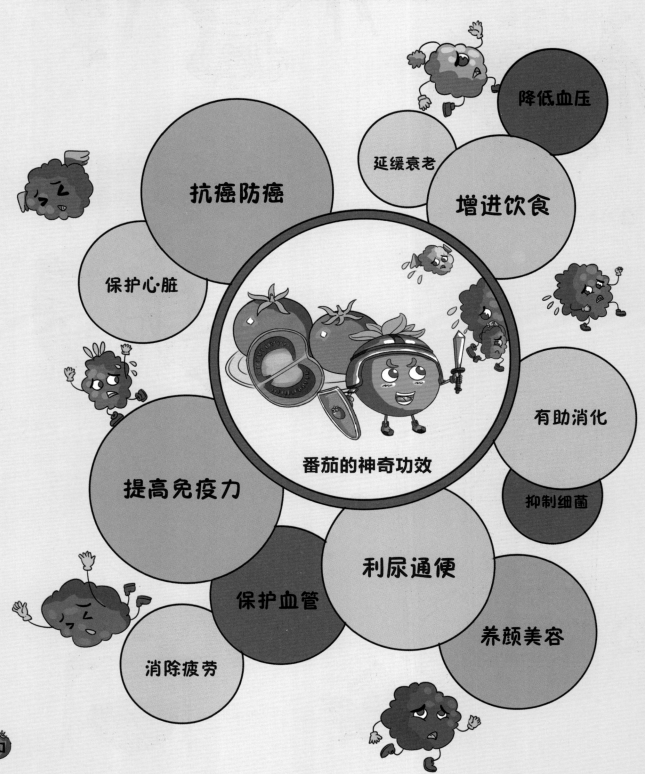

降低血压

延缓衰老

增进饮食

抗癌防癌

保护心脏

有助消化

抑制细菌

番茄的神奇功效

提高免疫力

利尿通便

养颜美容

保护血管

消除疲劳

维生素与矿物质

番茄富含维生素 A、维生素 C、维生素 B_1、维生素 B_2 以及胡萝卜素和钙、磷、钾、镁、铁、锌、铜和碘等多种元素。据营养学家测定，每人每天食用 50 克~100 克的鲜番茄，就可以满足人体对几种维生素和矿物质的需要。

番茄红素

它是一种了不起的天然抗氧化剂，可以帮助人体延缓衰老，保护心血管，抵御恶性肿瘤细胞的侵犯。它被人们称为"抗癌斗士"，还被誉为强大的"植物黄金"。

番茄的营养成分

食物纤维

番茄内含有丰富的食物纤维，它们不但可以令人有饱腹感，还可以吸收肠道内多余的脂肪，并将油脂和毒素排出体外。

苹果酸与柠檬酸

番茄中含有苹果酸与柠檬酸。这两种有机酸能够促进人的食欲，同时促进胃液的分泌。

小贴士 **食用番茄时应该注意些什么呢？**

未成熟的绿色番茄含有容易引发过敏的物质，所以不宜多吃。最好不要空腹吃番茄，容易引起消化不良。

番茄大发现

公元 700 年

"狼桃"

生长在南美洲森林之中的番茄,被人们称为"狼桃"。

16 世纪

"爱情果"

来自英国的俄罗达拉公爵将番茄从南美洲带回了英国,作为礼物献给了自己的爱人伊丽莎白。番茄于是又被人们称为"爱情果"。

1617 年

番茄进入中国

中国已知第一份记载番茄的文献是明代赵函的《植品》,赵函在书中提到,番茄是西洋传教士在稍早的万历年间,和向日葵一起带到中国来的。

2017 年

番茄味道基因

如何让番茄变得更好吃?一个由中美科研人员组成的国际研究小组,通过对725个人工栽培和野生西红柿品种进行基因组测序,发现了与番茄味道有关的基因,其中一个名为TomLoxC的基因对西红柿味道非常重要。这将有助于育种专家们培育出味道更好的番茄品种。

2015 年

番茄采摘机器人

为了解决日本劳动力短缺的问题,日本一家公司于2015年研发出番茄采摘机器人,并计划于2020年投入使用。采摘机器人能通过精密传感器及摄像头识别果实的颜色,锁定成熟的番茄,并能摘取果实。摘一个番茄平均耗时约6秒钟。

1984 年

太空番茄

这一年,美国将番茄种子送上太空,逗留时间达6年之久。种子回收后,科研人员试验获得了变异的番茄,变异番茄的种子对人体无毒,结出的果实可以食用。

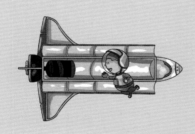

番茄红素

成熟的番茄中含有一种神奇的物质，叫番茄红素。1873 年，科学家首次分离出这种结晶体，此后，科学家经过大量的研究，证明这种物质有着强大的功能。番茄红素是一种抗氧化剂，能够提高人体免疫力、延缓衰老，还被视为重要的抗癌物质。

番茄酱

19 世纪，美国人创造了风靡全球的番茄酱。这种鲜红色的酱汁口味酸酸甜甜，一经推出，立刻受到人们的喜爱，成为厨房里的常用配料。而番茄酱与薯条的经典搭配更是博得了孩子们的喜爱。

番茄官司

1893 年，几位商人从西印度群岛贩运来一批番茄。关于缴税是按蔬菜还是按水果的问题，商人们与纽约港海关税官打了一场官司。经过一番辩论，美国最高法院根据人们烹调番茄的习惯，认定番茄是一种蔬菜，并将"番茄是蔬菜"写入美国的税法。

番茄静电计

"啊！番茄在被切时会发出尖叫声！"这样的谣言现在看来有些可笑，却在曾经的欧洲盛行一时。1968 年，科学家发明了"番茄静电计"，用电极插入番茄，再施加不同的电压，同时监测声波的变化，经过 3 个月的公开实验，最终以事实终结了这个不科学言论。

番茄采收机

20 世纪 50 年代，加州大学的一位植物育种学家和一位工程师决定联手发明一款番茄采收机，但直到 1965 年才获得了突破性进展。此时，恰逢美国劳动力短缺。于是，这种新机器和配套的新番茄品种开始盛行。自此，番茄产业进入了机械化时代。

番茄药

19 世纪 30 年代，番茄酱被用作治腹泻的药来销售，被称作"Dr.Miles 番茄复合浓缩精华"。

你不知道的番茄世界

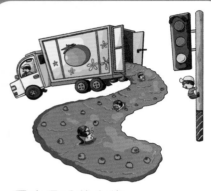

西班牙番茄大战

　　西班牙的布尼奥尔镇，在每年8月的最后一个星期三，都会举行盛大的番茄大战。数以万计的参与者从世界各地赶来，在大街上疯狂地投掷番茄，整个城市就像沉浸在红色的海洋。

日本番茄主题餐厅

　　日本东京有一家以"番茄"为主题的餐厅（Celeb de Tomato），这里的食物几乎都由番茄制成！有新鲜的番茄汁，五颜六色的番茄拼盘，还有甜蜜的番茄蛋糕等，简直就是番茄的盛宴！

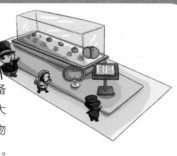

意大利番茄博物馆

　　意大利盛产番茄，番茄也备受意大利人的喜爱。为此，意大利还专门设立了一家番茄博物馆，用来介绍番茄的品种和历史。

世界上最小的番茄

　　来自以色列的一家研究机构培育了一种全新的西红柿品种，名叫"水滴番茄"，它结出的果实和蓝莓差不多大，被称为"世界上最小的番茄"。

巨无霸番茄

　　经过20多年的研究，来自美国与英国的科学家成功培育了名为"Gigantomo"的巨无霸番茄，单个果实的平均重量可达2千克，直径可达到25厘米。

长成树的番茄

　　这种树番茄又名木本树番茄，原产于秘鲁，是茄科茄属多年生四季长青灌木。它的果实外形与一般番茄无异，但是皮比较硬，吃起来酸甜多汁，并且极耐贮存，采收的果实在室温下存放2个月后，其诱人的色泽和鲜美的味道依然不变。据统计，一棵树番茄每年可以结果上万个，而且可连续收获20年！